(c.)

DE L'INFLUENCE

DE

LA MALADIE VÉGÉTALE

SUR LE RÈGNE ANIMAL

PLUS PARTICULIÈREMENT SUR LE VER A SOIE

ET DES MOYENS POUR LA COMBATTRE

Suivi de l'introduction en Europe des éducations automnales et de la conservation
de la graine de vers à soie au temps de Henri II,
et de la génération de ce procédé au XIXᵉ siècle, au moyen de se procurer au prix
de 3 fr., 3 fr. 50 c., au lieu de 15 à 16 fr. l'once de 25 grammes,
de la graine durant toute sécurité de succès.

Par Émile NOURRIGAT, Propriétaire-Éducateur

Membre des Sociétés Statistique de France, Académie Antibole Agricole, Manufacturière et Commerciale
impériale zoologique d'acclimatation à Paris et régional pour l'Industrie Nationale, Entomologique de France,
Membre correspondant des Sociétés d'Agriculture et Comices agricoles de l'Hérault, de Vaucluse et d'Alais
Ancien Magistrat.

MONTPELLIER

BOEHM, IMPRIMEUR DE L'ACADÉMIE, PLACE DE L'OBSERVATOIRE

1859

DE L'INFLUENCE

DE

LA MALADIE VÉGÉTALE

SUR LE RÈGNE ANIMAL

PLUS PARTICULIÈREMENT SUR LE VER A SOIE

ET DES MOYENS POUR LA COMBATTRE

Suivi de l'introduction en Europe des éducations automnales et de la conservation
de la graine de vers à soie au temps de Henri IV,

et de la REINVENTION de ces procédés au XIXᵉ siècle ; ou moyen de se procurer au prix
de 1 fr. à 1 fr. 50 c., au lieu de 15 à 16 fr. l'once de 25 grammes,

de la graine offrant toute sécurité de succès ;

Par Émile NOURRIGAT, Propriétaire-Éducateur

a Lunel (Hérault)

Membre des Sociétés : Sericicole de France, Académie Nationale Agricole, Manufacturière et Commerciale,
Impériale zoologique d'acclimatation, d'Encouragement pour l'Industrie nationale, Entomologique de France ;
Membre correspondant des Sociétés d'Agriculture et Comices agricoles de l'Hérault, de Vaucluse et d'Alais ;
Ancien Magistrat.

> Dans l'exercice de l'art de guérir, il faut que le
> passé éclaire le présent, et que celui-ci sache pro-
> fiter de ce qu'il a appris, afin de prévoir et de
> prévenir les accidents qu'il sait être de nature à
> porter préjudice à la santé des animaux et à la
> conservation de celle des hommes.
>
> C'est en remontant jusqu'à l'origine des maux
> qui affligent l'espèce humaine, qu'il devient facile
> d'en prevoir l'apparition, d'en calculer les effets
> et d'en prévenir, souvent les fâcheuses consé-
> quences, aux époques des épidémies spécialement.
>
> DUVIVIER DE SAINT-HUBERT, *Traité*
> *philosophique des maladies épidémiq.*

MONTPELLIER

BOEHM, IMPRIMEUR DE L'ACADÉMIE, PLACE DE L'OBSERVATOIRE

1859

DE L'INFLUENCE

DE

LA MALADIE VÉGÉTALE

SUR LE RÈGNE ANIMAL

PLUS PARTICULIÈREMENT SUR LE VER A SOIE

ET DES MOYENS POUR LA COMBATTRE.

Extrait du *Commerce séricicole de Valence* (DRÔME).

—➤✦➤✦◆✦◆✦——

Les considérations recemment publiées dans les *Bulletins de l'agriculture pratique*, par M. de Chavannes, sur les éducations des vers à soie en 1858, m'inspirent des réflexions qui, loin de combattre les appréciations de l'honorable inspecteur de sériciculture sur les faits qu'il a constatés dans sa tournée officielle, tendraient, au contraire, à les corroborer.

On l'a dit depuis longtemps : il n'est pas d'effet sans cause. C'est donc en remontant à l'origine de ces causes, dont les effets désastreux pèsent depuis quelques années sur l'une des principales industries de nos départements méridionaux, que l'on pourra en arrêter les progrès.

Signaler la source du mal, n'est-ce pas indiquer en même temps le côté vulnérable de la maladie et appeler tout à la fois le concours éclairé de la science et les observations non moins utiles de la pratique?

Telles sont les considérations qui nous déterminent aujourd'hui à publier le résultat de nos propres observations.

Simple praticien, nous sommes du petit nombre de ceux qui ont toujours cru à l'influence de la maladie végétale sur le règne animal. Notre opinion n'est point systématique, elle est le résultat d'une conviction née d'une longue série d'observations ; conviction qui cèderait, nous nous empressons de le déclarer, devant l'évidence d'autres causes, si elles étaient suffisamment démontrées.

Après cette courte profession de foi, vous voudrez bien accueillir, nous nous plaisons à l'espérer, avec l'impartialité qui vous distingue, et dans l'intérêt d'une industrie objet de toute votre sollicitude, les quelques observations suivantes. Heureux si, en appelant sur certains points de la question les recherches de la science, ses laborieuses investigations pouvaient amener quelque soulagement à la malheureuse situation qui est faite depuis quelques années à nos populations agricoles.

Douze années de travaux essentiellement pratiques, suivis au centre de la production, comme cultivateur de mûriers ou comme éducateur de vers à soie, nous ayant également permis de recueillir un grand nombre de faits et observations, c'est de leur rapprochement que nous avons cru pouvoir, à défaut de science théorique, procéder par analogie.

Interrogeant le passé, nous avons cru reconnaître que la plupart des grandes épidémies ou épizooties qui ont désolé les siècles antérieurs se sont toujours rencontrées avec les famines, les disettes, assez communes dans les temps anciens ; la cherté des subsistances, en rendant l'accès difficile aux masses, a dû naturellement influer, à ces époques calamiteuses, sur la nourriture et la santé des peuples, tandis que les classes supérieures ont toujours été épargnées.

Les guerres ne viennent-elles pas également à l'appui de ces faits, et n'est-il pas constaté que les maladies résultant des privations ou d'une alimentation insuffisante ou insalubre, ont fait souvent plus de ravages dans les rangs de l'armée, que le feu ou la mitraille ? L'histoire pourrait au besoin l'attester.

Dès les temps les plus anciens, on avait remarqué l'influence délétère des céréales altérées ; aussi les Grecs avaient-ils mis les moissons sous la protection des dieux. Les Romains avaient créé une divinité spéciale pour la rouille des blés, le dieu Rubigo, en l'honneur duquel Numa Pompilius institua les *Rubigalia*, processions faites au mois de mai au milieu des champs, et qui se terminaient par l'immolation d'un porc au dieu Rubigo. Nos Rogations sont un souvenir de cette ancienne cérémonie ; car de tout temps l'homme s'est senti le besoin de mettre sous la protection de la Divinité les aliments les plus indispensables à son existence matérielle et sociale.

Virgile dans ses Géorgiques, Columelle dans son *Traité d'agriculture*, parlent des maladies des blés ; Galien décrit les symptômes qui résultent du l'usage du mauvais pain. Les auteurs du moyen-âge fourmillent de récits de maladies épidémiques terribles : le *feu Saint-Antoine* et les *raphanies*, qui n'étaient autre chose que le résultat de l'usage de céréales altérées.

La fréquence du feu Saint-Antoine au moyen-âge, l'incertitude dans laquelle on était sur son origine, ont déterminé le savant professeur Hecker (de Berlin) à faire des recherches spéciales sur ce sujet intéressant. Après avoir compilé plus de cent cinquante auteurs, il est demeuré convaincu que cette maladie, si fréquente et qui avait fait de si effroyables ravages, n'avait d'autre cause que l'usage du seigle ergoté. Or, on sait qu'à cette époque le seigle était cultivé en bien plus grande quantité que le froment, dans le nord de la France, la Flandre et l'Allemagne.

On lit dans la Chronique de Frodoard qu'en 945, au moment où les bords de la Seine étaient ravagés par les Normands, et par conséquent où la population était mal nourrie, il parut à Paris et aux environs une maladie terrible, qu'on appela *feu sacré* ou *mal des ardents*, qui consumait les malades petit à petit et fit un grand nombre de victimes. La même maladie reparut quarante-cinq ans plus tard, et enleva, d'après Mézeray, quarante mille âmes dans le Périgord et le Limousin.

La plus célèbre comme la plus meurtrière épidémie fut celle de l'an 1089. Une chaleur horrible dévorait les entrailles ; les membres se détachaient par lambeaux, sans qu'il y eût d'hémorrhagie ; quelquefois même on voyait des malades survivre après avoir eu un bras, une jambe et quelquefois l'un et l'autre enlevés par la gangrène. La mortalité pesa uniquement sur les classes inférieures, qui, à cette époque surtout, ne vivaient que de misère et de privations.

Du XIe au XVe siècle, cette maladie fut très-fréquente en France et en Allemagne, où il se passait peu d'années sans qu'on n'en vit quelques cas, surtout dans les localités basses et humides. Jusqu'alors on avait complètement ignoré la nature et surtout les causes de cette affection. Au XVIe siècle, si fertile en épidémies de tout genre, on commença à les soupçonner.

La première épidémie que l'on attribua à l'usage des céréales avariées, fut celle qui, en 1556, apparut dans le Brabant et à laquelle Rambert Dodonœus assigne pour cause la consommation de grains altérés apportés de Prusse.

La même maladie apparut dans la Hesse en 1589, et en 1598 sur les bords du Rhin. Sennert l'attribua à la mauvaise qualité des grains et à l'usage des champignons.

A la même époque la Silésie est ravagée par un semblable fléau. Ici la maladie est si bien causée par l'usage des grains altérés, que Schwenck dit positivement que les grains de seigle et de blé exhalaient une odeur aigre, et que quoique lavés, ils n'en conservaient pas moins une onctuosité écumeuse.

Ces quatre années de 1589 à 1593 sont remarquables par la multitude et l'intensité des épidémies.

Cent ans après cette première période, la Hesse fut encore frappée en 1697. En

1693, dans plusieurs cantons de la Forêt-Noire, le mal avait été commun aux animaux et aux hommes.

La même maladie apparaît dans le Holstein, la Haute-Lusace et la Saxe en 1716 ; aux environs de Moscou en 1722 ; en 1756 dans toute la Silésie ; dans le Brandebourg en 1741. Partout on remarque l'usage du pain avec du seigle ergoté, du blé mêlé d'ivraie, carié, dévoré par les charançons, des farines avariées. C'est, en général, à la suite d'étés pluvieux et pendant lesquels les moissons se sont gâtées sur pied.

Linné observa une épidémie des plus violentes en Suède. Indépendamment des convulsions, elle s'accompagna d'épistaxis, de vomissements, d'hémoptysies et surtout d'un délire furieux. Comme dans toutes les épidémies précédentes la faim était dévorante, et des vésicules purulentes recouvraient parfois une partie du corps, on attribua la maladie à une énorme quantité de petites chenilles noires à tête rouge, qui infestèrent la moisson et empoisonnèrent, dit-on, les grains. Linné qui, dans sa théorie sur la cause des épidémies, admet la présence des animalcules, ne manque pas de s'appuyer sur le phénomène de ces chenilles noires dans les moissons, pour expliquer celle de Kinden. Treize ans après, la même maladie se montra encore en Suède, avec des symptômes aussi graves, aussi meurtriers. Comme toujours, elle pesa exclusivement sur les classes pauvres et les paysans.

A partir du XVIIᵉ siècle, la même maladie fut principalement observée en Sologne, où elle était endémique, et où on l'attribua à sa véritable cause, c'est-à-dire à l'usage des grains avariés. Thuilier, médecin du duc de Sully, qui en donna la première description bien exacte en 1630, fait ressortir tous ses rapports avec le *mal des ardents*, décrit par Guy de Chauliac, Ambroise Paré, Fabrice de Hilden, etc. On l'observa depuis dans quelques provinces italiennes, en Suisse, dans l'Artois, et en dernier lieu en 1814 dans le Dauphiné.

On trouve dans les archives de la préfecture de l'Hérault une foule d'ordonnances, édits, arrêts, instructions, relations, etc., se rattachant aux mesures de précautions à prendre contre les épidémies ou épizooties qui, depuis la fin du XVIᵉ siècle jusqu'en 1785, ont pesé sur le midi de la France, laissant partout des traces de leurs affreux ravages, qui ont coûté des sommes considérables au pays.

Chaque fois que ces épidémies ont été observées, on y a toujours retrouvé, soit séparés, soit combinés, les symptômes du mal des ardents et des raphanies, c'est-à-dire, gangrène sèche des extrémités, chute des membres sans hémorrhagies, convulsions et contractions des muscles, douleurs violentes, générales, sans fièvre ; faim dévorante. Comme dans toutes les épidémies précédentes, l'art fut à peu près impuissant, et la presque totalité des malades succomba.

Ne pourrait-on pas reconnaître dans les maladies observées sur le ver à soie : la *tache,* la *pébrine,* mais surtout dans l'affection de ses pattes et de la corne charnue qui termine sa partie postérieure, sinon un caractère parfaitement identique, tout au moins une grande analogie avec le feu Saint-Antoine ou les raphanies? Nous laissons aux savants et aux naturalistes le soin de décider la question. Toutefois, qu'il nous soit permis de faire remarquer la connexité des circonstances présentes avec celles des temps antérieurs. On ne saurait nier, en effet, la large part d'influence que la maladie actuelle des végétaux a exercée sur tous les animaux sans exception, même à l'état sauvage : nous croyons superflu d'en présenter ici des exemples, vu qu'ils n'ont pu échapper à l'observation.

Quant à la maladie des vers à soie appelée tantôt *la tache,* tantôt *pébrine,* je ne prendrai parti pour aucune de ces dénominations; je n'examinerai donc pas si elles ont une étymologie commune, si le mot *pébrine* provient du mot patois *pébré* (poivre), et si les vers tachés offrant une espèce de similitude avec des vers saupoudrés de poivre, la pébrine ou la tache serait ou ne serait pas une seule et même maladie : cela importe très-peu au point de vue de la guérison du mal, guérison qui doit être le but des recherches de tout esprit sérieux.

Faire dégénérer en logomachie ou en facétie une discussion à laquelle se rattachent de graves intérêts, c'est faire preuve de futilité, et dire que les vers tachés étant des vers poivrés, pour les conserver on les sucrera; que le poivre est piquant le sucre doux; que l'un guérit l'autre, qu'en conséquence le remède est trouvé : c'est dénaturer une opinion fondée dans certains de ses aperçus par une plaisanterie assaisonnée de poivre et de sucre, j'en conviens, mais peu concluante assurément.

Les bornes restreintes d'un journal ne me permettant pas de retracer ici les faits nombreux que j'ai recueillis et que je me propose du reste de développer autre part, je ne reviendrai pas sur la description des maladies dont les insectes sont affligés, maladies dont les symptômes et les caractères ne sont malheureusement que trop connus de tous les éducateurs; je me renfermerai donc aujourd'hui dans des considérations générales.

Les plantes et les animaux rencontrent dans les objets qui les environnent, des agents qui conspirent constamment contre leur existence et qui deviennent des sources fréquentes de maladies d'autant plus funestes, qu'elles étendent leurs ravages sur un plus grand nombre de victimes.

Indépendamment des ennemis auxquels les animaux sont directement exposés, il est hors de doute que les qualités de l'air et des aliments exercent une influence sur leur organisation. Les affreux ravages occasionnés de tout temps par les maladies des céréales, la carie, le charbon, la rouille, les champignons parasites, notamment l'ergot; l'histoire des épidémies résultant de l'usage des grains avariés, n'attestent que trop leurs déplorables effets sur la santé de l'homme et des animaux.

Nous ne nous étendrons pas non plus sur les causes des maladies des plantes, que les uns attribuent à l'envahissement de champignons parasites, et d'autres à la présence d'insectes nuisibles. Disons seulement que ces maladies ont pour effet de diminuer les parties nutritives essentiellement utiles de la plante, ou même de leur communiquer des propriétés vénéneuses.

L'influence de la température sur les végétaux est incontestable ; il nous suffirait, pour le démontrer, de prendre des exemples dans la richesse alcoolique et la qualité des produits d'une même vigne, récoltés dans des conditions atmosphériques différentes ; résultats qui ne sont du reste ignorés de personne.

L'analyse des Graminées malades a, dans certaines circonstances, donné pour résultat une matière colorante jaune et une rouge, enfin, une matière végéto-animale très-abondante, très-disposée à la putréfaction, un peu d'ammoniaque et d'acide phosphorique. Quant à la fécule et au gluten, il n'y en a pas eu de traces. Dans d'autres cas, la fécule, convertie en une poussière noire et fétide, fournit à la distillation une huile verte, âcre et d'odeur infecte.

L'action de pareils aliments sur l'économie animale est des plus délétères ; pris en quantité, ils déterminent promptement, ainsi que nous l'avons déjà vu, la mort dans des convulsions violentes, ou amènent la gangrène des extrémités des membres et même des membres entiers.

Nous trouvons dans la maladie actuelle de la vigne et de l'olivier, qui n'est pas sans précédents, de pareils exemples de ces altérations. Nos recherches nous ont amené, en effet, à la découverte d'un écrit sans nom d'auteur, imprimé en 1755, où nous remarquons que la maladie de la vigne, désignée en Allemagne sous le nom de *Gabler*, avait pris naissance en Autriche en 1730, s'était graduellement étendue jusqu'en France, et avait exercé de si grands ravages jusqu'en 1776, que les vignerons, découragés par une culture qui ne leur causait que déception et ruine, arrachaient ou abandonnaient leurs vignobles. Alors comme aujourd'hui, le plâtre, la chaux, le soufre furent les agents employés avec non moins de succès, comme moyens curatifs.

Ces relations, consignées dans d'autres écrits imprimés en 1774, 1775, 1776 et 1777, prouvent que la maladie de la vigne n'est pas un fait nouveau, mais bien le retour d'une affection déjà connue de nos devanciers.

En examinant les différentes périodes de la maladie des insectes, et notamment celle des vers à soie, nous trouvons 1688 à 1692, 1750 à 1756 et 1847 à 1858. Les deux premières périodes correspondent aux grandes épidémies, épizooties, famines ou disettes, qui ont affligé ces mêmes époques. La dernière a été précédée ou accompagnée d'épidémies, telles que le choléra, la suette miliaire, la maladie de la pomme de terre, de l'olivier, de la vigne, etc.

Le mûrier a-t-il été épargné par la maladie qui frappe actuellement nos vignobles? Si les nombreuses remarques déjà publiées n'ont pas résolu la question d'une manière affirmative, l'on doit tout au moins reconnaître que cet arbre n'est pas dans son état normal :

1° Envahissement de la feuille par d innombrables taches indépendantes de celles de rouille, se rapprochant de celles remarquées sur la vigne et les autres végétaux, et ayant pour effet de provoquer la chute prématurée des feuilles sur les arbres non dépouillés au printemps;

2° Ravages sans précédents, du moins à notre connaissance, occasionnés à la feuille par un insecte microscopique échappé à nos minutieuses et persévérantes investigations;

3° Recoquillement et dessèchement de la feuille, prenant une teinte noirâtre et se détachant du sujet au moindre contact;

4° Odeur nauséabonde exhalée par la feuille, et couleur sombre et terne qu'elle prend peu d'instants après avoir été cueillie;

5° Enfin, infécondité de l'arbre, privé comme la vigne de fruits, pendant ces dernières années.

Telles sont les affections apparentes et sur lesquelles nous n'avons cessé, depuis 1852, d'appeler l'attention des savants.

La Commission de l'Académie des sciences a contesté, il est vrai, l'existence de la maladie de la feuille des mûriers. Les membres éminents composant cette Commission n'ont pu se tromper, hâtons-nous de le reconnaître; car, au mois d'avril ni même au mois de mai, le mûrier, pas plus que la vigne, ne présente de traces apparentes de maladie, surtout en 1858, où l'on a pu constater sur l'un et l'autre végétal une amélioration sensible dans l'état de leur végétation et de leur produit, soit le raisin et la mûre.

Doit-on conclure de la déclaration du savant aréopage, que la vigne et le mûrier ne sont pas malades ou n'ont pas été malades? Cette question, en ce qui concerne la vigne, ne pouvant faire l'objet d'un doute pour les propriétaires de vignobles du midi de la France, il nous reste à examiner si le mûrier n'a pas subi la même influence, et quelle a été son action sur le ver à soie.

Nous avons dit autre part que la maladie des insectes, contemporaine de celle de la vigne, a suivi les mêmes phases dans sa marche ascendante : c'est là un fait que tout le monde a pu constater comme nous.

Qu'il nous soit permis de demander à ceux qui contestent la maladie du mûrier, si leur opinion repose sur le simple examen de la feuille, ou si elle est le résultat d'analyses chimiques, et s'ils ont reconnu dans cette feuille tous les éléments qui constituent un végétal dans son état normal. Quant à nous, nous n'hésitons pas à dire que, loin d'ébranler nos convictions, le rapport de M. de Quatrefages viendrait, au contraire, les fortifier. Les expériences thérapeutiques tentées par l'éminent académicien ayant démontré que l'addition de sucre à la feuille de mûrier a produit les meilleurs résultats, n'est-on pas naturellement amené à conclure que la feuille manque de partie sucrée, et par conséquent de qualité substantielle et peut-être même d'autres propriétés non moins essentielles aux fonctions de l'insecte? Nous sommes tenté de le croire. ·

Ce procédé de sucrage, connu des anciens, a été patronné officiellement par Chaptal. Ce ministre, auquel l'Hérault revendique avec orgueil l'honneur d'avoir donné le jour, aussi célèbre par ses connaissances scientifiques que par le discernement qu'il apportait dans leur application industrielle, avait reconnu l'avantage d'améliorer le vin, en ajoutant au moût du raisin, dans les années mauvaises, une portion convenable de sucre.

La feuille de mûrier se compose de cinq substances principales : 1° le parenchyme, ou substance fibreuse; 2° la matière colorante ; 3° l'eau; 4° la substance sucrée ; 5° la substance résineuse. Les trois premières ne sont point proprement des subtances nutritives pour l'insecte. La substance sucrée est celle qui nourrit le ver, le fait croître et se convertit en substance animale. La matière résineuse est celle qui se sépare insensiblement de la feuille et qui, attirée par l'organisme animal, s'accumule, s'épure et remplit les vaisseaux séricifères. Or, toute feuille offrant une plus grande portion de principe sucré et de substance résineuse est, sans contredit, celle qui réunit les qualités les plus précieuses. Les remarques que nous avons faites à ce sujet nous portent à croire que la feuille, bien que née dans des conditions favorables en apparence, de même que le raisin, se détériore à mesure qu'elle avance en âge, c'est-à-dire que plus elle approche du terme de la maladie végétale, et plus elle perd de ses parties essentielles aux organes nutritifs et sécréteurs de l'insecte. Non-seulement les délitements après les mues n'offrent plus, comme autrefois, cette quantité de bave en forme de réseau qui recouvrait les litières et dont le ver, par suite de cet instinct que la sage et prévoyante nature a donné à tous les êtres, se servait comme d'amarres pour se débarrasser de sa peau, mais encore l'autopsie de la chenille viendrait à l'appui de ces faits.

Chacun a pu remarquer comme nous que, dans les chambrées tardives, le cinquième âge des vers se prolonge indéfiniment ; au moment des repas, l'insecte se promène longtemps sur la feuille avant de l'attaquer; pressé par la faim, il l'entame et l'abandonne aussitôt pour fuir sur les bandes des claies, où il va expirer rejetant par les naseaux un liquide clair et de couleur brune ou vinacée; ses réservoirs ne présentent aucune trace de matière soyeuse.

Les chambrées hâtives, au contraire, celles qui arrivent à la bruyère avant le développement complet de la maladie végétale, produisent des résultats plus ou moins heureux, suivant l'époque plus ou moins avancée de la montée. Ces résultats pourraient même servir en quelque sorte à reconnaître le degré d'intensité de la maladie de la feuille. Nous ne faisons pas même exception pour les éducations de Sommières, citées par M. de Chavannes et qui ont fourni le sujet de l'histoire des quarante cocons, les échecs de la race élevée dans cette commune n'étant pas sans exemples lorsque les vers sont arrivés tardivement à la bruyère.

Nous sommes donc amené à conclure de ces observations, que l'altération de la feuille a pour effet de diminuer progressivement ses parties sucrées et résineuses, et que l'excès d'acide dont cette feuille est alors surchargée, en dissolvant les pelotes soyeuses de l'insecte, entraîne sa perte ; le ver, malgré ses vains efforts, ne trouvant pas dans la partie substantielle de cette même feuille viciée les éléments réparateurs pour combattre le mal.

A l'appui de ces remarques, nous pourrions citer de nombreux exemples ; nous les réduirons à quelques-uns, en commençant par un fait qui nous est personnel et qui nous paraît le plus concluant.

600 grammes d'une même graine divisés en trois lots, dont les vers ont été nourris avec la même feuille, mais élevés à quelques jours d'intervalle, ont donné les résultats suivants :

Premier lot. — Produits parfaits ; papillons ne laissant rien à désirer ; ponte abondante et des plus heureuses. Faibles résultats l'année suivante, par l'effet de retard apporté dans l'éducation des vers résultant de cette même graine.

Deuxième lot. — Montée six jours plus tard ; cocons moins bons et moins abondants ; papillons malades ; accouplements difficiles et irréguliers ; ponte à peu près nulle.

Troisième lot. — En retard de six jours sur le précédent ; échec complet.

Ces trois éducations étaient cependant arrivées à leur quatrième mue, avec une égale apparence de vigueur et de santé.

Deuxième exemple.

2500 grammes de graines sorties d'un même sac, divisées en quatre lots. Un seul, parvenu à la bruyère douze à quinze jours avant les trois autres, a produit une chambrée complète ; les autres n'ont pas donné un seul cocon.

Enfin, je citerai un dernier exemple qui me paraît propre à faire ressortir la corrélation qui peut exister entre la maladie du mûrier et celle de la vigne.

La petite commune de Fontanès-de-Lèques, canton de Sommières (Gard), compte une quinzaine d'éducations de 2 à 20 onces (50 à 500 grammes d'œufs), dont les produits n'ont jamais été inférieurs à 40 ou 45 kilog. de cocons par 25 grammes d'œufs, bien que les graines employées soient de provenances diverses.

Les vignes de cette commune ont constamment fourni d'abondantes récoltes, qui ont fait la fortune des propriétaires du pays. On a rarement aperçu des traces d'oïdium, sans importance du reste là où la présence de cette maladie a été constatée.

On a remarqué une vigne appartenant à M. Vigié, ancien premier président près la Cour impériale de Montpellier, située à deux kilomètres environ de la même commune, complantée en cépages d'aramon, dont les récoltes ont été entièrement détruites par l'oïdium pendant les années 1852, 53 et 54, et qui depuis lors a produit d'abondantes récoltes, sans qu'aucun traitement préventif ni curatif lui ait été appliqué.

Nous pensons, avec M. l'Inspecteur de sériciculture, que l'abandon de nos vieilles races et la confusion résultant du trafic auquel les graines ont donné lieu, n'ont pas moins contribué au développement de nos désastres séricicoles. Nous ne cessons de le répéter depuis douze ans : sans homogénéité des races, point de réussite possible ou de succès à espérer.

Le commerce des graines a acquis une si grande importance aujourd'hui, et il en arrive des quantités tellement considérables sur certaines places, que par suite de l'abandon ou du défaut de soin dont elles sont l'objet, elles entrent prématurément en fermentation et sont en pleine éclosion dès les mois de février et de mars. Nous avons pu constater que les existences de graines dans un état plus ou moins avarié étaient encore, en février 1858, de 12 à 1500 kil., et que ces mêmes existences ne s'élevaient pas à moins de 6 à 800 kil., en février dernier.

C'est là, dans ces entrepôts, que la plupart des prétendus graineurs ont placé aujourd'hui leurs ateliers de grainage et où ils vont puiser par centaines de kilogrammes des graines dont l'état de conditionnement est plus ou moins douteux; et bien qu'ils en ignorent les provenances, ils ne les garantissent pas moins comme les ayant eux-mêmes confectionnées dans les lieux les plus réputés. Voilà pour ce qui se passe en France, sous nos propres yeux.

L'extrait d'un document, pour ainsi dire officiel, puisqu'il a fait l'objet d'une communication à l'Académie des sciences de la part d'un de nos vice-consuls en Orient, pourra donner une idée de ce qui se pratique à l'étranger. Voici ce document :

« Je persiste donc à croire que, jusqu'à présent, la province de Philippopolis est encore parfaitement saine. Si quelques personnes ont voulu y voir la maladie, c'est, ou bien que leur ignorance leur a fait découvrir ce qui n'existait pas, ou bien parce que, suivant les errements malheureusement trop reçus parmi les graineurs, et qu'on ne saurait trop énergiquement flétrir, ils ont cédé à un mouvement de jalousie, à un calcul bas, en cherchant à décrier une provenance, pour faire préférer telle autre, où ils opéraient ou faisaient opérer des associés. Qu'il me soit permis de le dire : je regrette de n'avoir pas trouvé chez tous ces messieurs (et je n'en exempte personne, même les plus haut placés) les qualités solides que réclamait la mission sacrée qu'ils avaient à remplir, etc. »

Nous croyons pouvoir nous abstenir d'accompagner de commentaires les réflexions qui précèdent.

Ne devons-nous pas conclure de tous ces faits, qu'il serait sans doute pour le moins aussi rationnel de rechercher dans le mûrier les causes de la maladie des insectes et les moyens de les combattre, plutôt que dans la prétendue dégénérescence des races ?

Les adversaires de l'influence de la maladie des végétaux sur le règne animal ne manqueront pas, sans doute, de renouveler leur grande question : « Puisque vous prétendez, disent-ils, que la feuille est malade, pourquoi n'agit-elle pas d'une même manière sur tous les vers à soie ? »

A cette demande nous pourrions nous contenter d'en opposer une autre : Pourquoi la peste, le choléra, la suette miliaire, etc., n'enlèvent-ils pas tous les hommes ? Pourquoi aussi tous les enfants ne succombent-ils pas aux atteintes du croup, de la petite vérole et de toutes les autres maladies qui affligent l'espèce humaine ? Pourquoi encore tous les animaux ne meurent-ils pas des nombreuses épizooties qui les déciment de temps à autre ? Pourquoi les pommes de terre ont-elles été ravagées dans certaines contrées et respectées dans d'autres ? Pourquoi telles parties des départements de l'Hérault et du Gard ont-elles été ruinées par la maladie de la vigne, en même temps que l'abondance des récoltes faisait la fortune des autres ? Pourquoi enfin telle vigne malade produit du vin détestable, et que telle autre en donne de potable, bien qu'atteinte du même mal ?

A l'exemple de certains théoriciens, nous pourrions également nous contenter de déclarer, les yeux et les mains levés au ciel, que si le Tout-Puissant, dans sa juste colère, nous envoie quelquefois des châtiments, il ne veut sans doute pas détruire l'œuvre merveilleuse de sa création, et que s'il a placé le mal à côté du bien, il a aussi donné à l'homme l'intelligence de les discerner.

Mais il nous est permis de répondre que l'argument si souvent reproduit ne nous paraît ni juste ni fondé. Jusqu'à présent nous ne connaissons pas de races de vers à soie qui aient survécu à une éducation tardive. Si telles ou telles autres ont résisté plus longtemps à ses influences délétères, placées dans des conditions identiques, elles ont fini par succomber.

Nous croyons l'avoir démontré plus haut par des exemples : la maladie végétale a ses phases ; elle n'agit pas d'ailleurs, il faut l'admettre, d'une manière immédiate sur les générations ; son action est plus ou moins lente, mais toujours progressive. C'est ce qui doit nous servir à expliquer l'échec d'une race à côté de la réussite d'une autre, bien qu'élevées simultanément dans un même local et nourries avec la même feuille. Nous devons ajouter, du reste, que ce succès d'une même race s'étend rarement à plusieurs générations , si elle reste soumise aux mêmes influences : l'expérience l'a prouvé.

En attendant que les recherches de la science ou la Providence divine nous débarrassent du fléau et du trafic des graines, nous pensons que les meilleurs moyens d'échapper à leurs atteintes ou d'en atténuer les déplorables effets, consistent dans le choix d'une bonne semence , et nulle n'offre plus de garanties que celle que l'on confectionne soi-même, et dans les éducations hâtives, de telle sorte que la montée des vers devance toujours l'époque de la maladie végétale. C'est à cette dernière circonstance, nous n'hésitons pas à le dire, qu'est dû le succès de la race élevée à Sommières.

Nous répéterons encore, avec M. de Chavannes, et l'expérience l'a démontré depuis longtemps, que le ver à soie ne craint pas la chaleur, pourvu que cette température élevée ne soit pas obtenue au détriment de la qualité de l'air et que l'insecte reçoive une alimentation en raison de son élévation. En d'autres termes, si la durée de l'éducation est réduite à vingt-cinq jours par l'effet d'une haute température, il faut qu'au moyen de repos fréquents et distribués avec discernement, le ver consomme la même quantité de feuilles qu'il absorberait dans une éducation plus ou moins prolongée par un degré de chaleur moins élevé.

Telles sont les réflexions que nous a suggérées l'approche de l'ouverture des travaux séricicoles , et que nous soumettons à l'appréciation de la science et de la pratique.

Lunel, le 25 mars 1859.

De l'introduction en Europe des éducations automnales, et de la conservation de la graine de vers à soie , au temps de Henri IV, et de la REINVENTION *de ces procédés au* XIXe *siècle.*

Vers la fin du XVIe siècle, rapporte Matthieu Bonafous, qui fut aux idées religieuses ce que le XIXe est aux idées politiques , la France se débattait dans les convulsions d'une longue guerre civile, pendant qu'Olivier de Serres , retiré dans sa terre du Pradel, ne pensait qu'à perfectionner l'art paisible qui féconde les champs, humanise les peuples et alimente toutes les industries.

C'est là, dans cette résidence patriarcale, au pied des montagnes volcaniques du résulter pour l'arbre d'un double effeuillement dans une même saison, Olivier de Serres constatait la possibilité de faire *avec succès*, une deuxième éducation avec la seconde feuille des mûriers.

Il recommandait en même temps (pag. 81) sous forme de maxime notable: «Que les vers à soye seront tousiours nourris de feuille de leur aage, afin que par bonne correspondance, aussi foible et forte se rèconire la feulle, que foible forte sera le bestial, selon le temp de leurs *communes naissances* C'en sera donques le vrai poinct (pag. 65) que lorsque les meuriers commencêt à bourgeonner, non deuant; afin que le bestial, a sa naissance treuue de la viàde toute preste pour viure, *comme l'enfant le laict de sa mère.*»

Telle était la connaissance que l'on possédait déjà au xvi° siècle, des éducations automnales.

Nous ne dirons rien des pratiques chinoises, dont l'origine, aussi ancienne que l'art séricicole, remonte, d'après les traditions connues, à près de quarante-cinq siècles. Moins heureux d'ailleurs que certains industriels, et ne possédant pas comme eux, nous devons l'avouer, de parents dans le Céleste-Empire pour nous renseigner sur les usages de ce pays, nous sommes bien forcé de nous en tenir à la traduction des auteurs qui ont écrit sur les mœurs et les coutumes de cette nation.

Renouvelées dans les xvii° et xviii° siècles par le professeur Ranza, l'avocat Cara de Canonica, le voyageur Shaw, Boissier de Sauvages, Berthezen, etc., ces expériences ont encore été reprises au commencement de celui-ci par une foule d'expérimentateurs honorablement connus dans la science ou la pratique séricicole, et ont donné lieu à de nombreuses publications qui, à quelques exceptions près, ont constaté les avantages que l'agriculture et l'industrie pouvaient retirer de ces secondes éducations annuelles, placées, dès leur début, dans les conditions déjà indiquées par Olivier de Serres, et alimentées dans le cinquième âge avec la feuille de deuxième pousse, au moment où, la sève complètement arrêtée, cette feuille se détache d'elle-même de l'arbre.

Quant aux procédés de conservation de la graine, c'est la glace qui en fait l'unique base, ainsi que nous l'expliquerons plus loin, sans même prétendre à un brevet de *réinvention.*

Parmi les nombreux auteurs ou praticiens qui, au commencement de ce siècle, se sont occupés des éducations automnales et de la conservation de la graine des vers à soie, et dont les travaux ont été publiés, nous nous bornerons à citer Dandolo, Loiseleur-Deslongchamps, Robinet, Camille Beauvais, le comte Auguste de Gasparin, le docteur Maurin, Bouton, la Société royale d'agriculture de Turin, Matthieu Bonafous, Guillaumin, Seringe, Gaudibert Barré, A. Carrier, Eugène Paradan, de

Vivarais[1], que le nouveau Columelle rédigea sous le titre de *Théâtre d'agriculture*, un cours complet d'économie rustique, dont il détacha, en 1599, la partie intitulée: *La cveillete de la soye par la nourriture des vers qui la font*. Cet opuscule formait un traité méthodique de l'éducation de ces insectes et de la culture du mûrier, destiné à seconder le désir que témoignait Henri IV d'enrichir son peuple d'une abondante production de soie indigène. A peine ce livre fut-il imprimé que, malgré l'opposition de Sully, le bon roi voulut qu'Olivier de Serres joignit à ses leçons l'enseignement silencieux, mais non moins éloquent de l'exemple.

Depuis cette époque mémorable, poursuit le regrettable et généreux Directeur du jardin royal de Turin, chaque année vit apparaître des livres, des mémoires, sur l'histoire, la culture et l'industrie de la soie, avec une telle profusion que ma bibliothèque agronomique compte aujourd'hui plus de douze cents écrits sur l'art séricicole[2]. Mais beaucoup de ces ouvrages ont-ils obtenu un succès aussi mérité, aussi universel que le traité d'Olivier de Serres? Le champ de l'industrie s'est sans doute agrandi, les connaissances sont augmentées, et toutefois, il faut le dire, quelle que soit la disparité que la marche des sciences interpose entre le siècle d'Olivier de Serres et le nôtre, son livre renferme des principes fondamentaux qui ne peuvent varier, parce que la plupart de ces principes sont vrais comme la nature elle-même.

A la lecture de ce livre, fruit de trente-cinq années d'expérience pratique, on s'étonnera qu'avec les enseignements qu'il contient, le peuple des campagnes se soit écarté de la ligne que lui avait tracée Olivier de Serres. D'autres reconnaîtront sans doute que les procédés, les méthodes propagées de nos jours comme plus perfectionnés, se rattachent pour la plupart aux traditions primitives, et que les modernes éducateurs, en adoptant les mêmes principes, n'ont varié que dans les moyens d'exécution.

Voici, en effet, ce que nous trouvons dans le livre d'Olivier de Serres, page 42, se rattachant aux éducations automnales.

«Dont auient, que de leur reject de feuille, comparé au regain des prez, l'on peut faire une seconde nourriture de Magniaux auec succez, ainsi qu'aucuns heureusement l'ont pratiqué. Ce que toutesfois n'est approuué: non tant par estre fort incertain telle nourriture tumbant ès plus grandes chaleurs de l'esté contraires à ce bestial; que pour l'asseurée perte des arbres, ne pouuant souffrir double effueilement en mesme saisô.»

Il y a donc bientôt trois cents ans que, tout en signalant le danger qui pouvait

[1] Olivier de Serres est né à Villeneuve-de-Berg en 1539, où, après trois siècles d'oubli, la génération présente vient de rendre les honneurs dus à sa mémoire.

[2] Cette collection avait dépassé le chiffre de 2000 en 1851, ainsi que nous l'écrivait le savant agronome, peu de jours avant son décès.

dire : je regrette de n'avoir pas trouvé chez tous ces messieurs (et je n'en exempte personne, même les plus haut placés) les qualités solides que réclamait la mission sacrée qu'ils avaient à remplir, etc. »

Nous croyons pouvoir nous abstenir d'accompagner de commentaires les réflexions qui précèdent.

Ne devons-nous pas conclure de tous ces faits, qu'il serait sans doute pour le moins aussi rationnel de rechercher dans le mûrier les causes de la maladie des insectes et les moyens de les combattre, plutôt que dans la prétendue dégénérescence des races ?

Les adversaires de l'influence de la maladie des végétaux sur le règne animal ne manqueront pas, sans doute, de renouveler leur grande question : « Puisque vous prétendez, disent-ils, que la feuille est malade, pourquoi n'agit-elle pas d'une même manière sur tous les vers à soie ? »

A cette demande nous pourrions nous contenter d'en opposer une autre : Pourquoi la peste, le choléra, la suette miliaire, etc., n'enlèvent-ils pas tous les hommes ? Pourquoi aussi tous les enfants ne succombent-ils pas aux atteintes du croup, de la petite vérole et de toutes les autres maladies qui affligent l'espèce humaine ? Pourquoi encore tous les animaux ne meurent-ils pas des nombreuses épizooties qui les déciment de temps à autre ? Pourquoi les pommes de terre ont-elles été ravagées dans certaines contrées et respectées dans d'autres ? Pourquoi telles parties des départements de l'Hérault et du Gard ont-elles été ruinées par la maladie de la vigne, en même temps que l'abondance des récoltes faisait la fortune des autres ? Pourquoi enfin telle vigne malade produit du vin détestable, et que telle autre en donne de potable, bien qu'atteinte du même mal ?

A l'exemple de certains théoriciens, nous pourrions également nous contenter de déclarer, les yeux et les mains levés au ciel, que si le Tout-Puissant, dans sa juste colère, nous envoie quelquefois des châtiments, il ne veut sans doute pas détruire l'œuvre merveilleuse de sa création, et que s'il a placé le mal à côté du bien, il a aussi donné à l'homme l'intelligence de les discerner.

Mais il nous est permis de répondre que l'argument si souvent reproduit ne nous paraît ni juste ni fondé. Jusqu'à présent nous ne connaissons pas de races de vers à soie qui aient survécu à une éducation tardive. Si telles ou telles autres ont résisté plus longtemps à ses influences délétères, placées dans des conditions identiques, elles ont fini par succomber.

Nous croyons l'avoir démontré plus haut par des exemples : la maladie végétale a ses phases ; elle n'agit pas d'ailleurs, il faut l'admettre, d'une manière immédiate sur les générations ; son action est plus ou moins lente, mais toujours progressive. C'est ce qui doit nous servir à expliquer l'échec d'une race à côté de la réussite d'une autre, bien qu'élevées simultanément dans un même local et nourries avec la même feuille. Nous devons ajouter, du reste, que ce succès d'une même race s'étend rarement à plusieurs générations , si elle reste soumise aux mêmes influences : l'expérience l'a prouvé.

En attendant que les recherches de la science ou la Providence divine nous débarrassent du fléau et du trafic des graines, nous pensons que les meilleurs moyens d'échapper à leurs atteintes ou d'en atténuer les déplorables effets, consistent dans le choix d'une bonne semence , et nulle n'offre plus de garanties que celle que l'on confectionne soi-même, et dans les éducations hâtives, de telle sorte que la montée des vers devance toujours l'époque de la maladie végétale. C'est à cette dernière circonstance, nous n'hésitons pas à le dire , qu'est dû le succès de la race élevée à Sommières.

Nous répéterons encore, avec M. de Chavannes, et l'expérience l'a démontré depuis longtemps, que le ver à soie ne craint pas la chaleur, pourvu que cette température élevée ne soit pas obtenue au détriment de la qualité de l'air et que l'insecte reçoive une alimentation en raison de son élévation. En d'autres termes, si la durée de l'éducation est réduite à vingt-cinq jours par l'effet d'une haute température, il faut qu'au moyen de repas fréquents et distribués avec discernement, le ver consomme la même quantité de feuilles qu'il absorberait dans une éducation plus ou moins prolongée par un degré de chaleur moins élevé.

Telles sont les réflexions que nous a suggérées l'approche de l'ouverture des travaux séricicoles , et que nous soumettons à l'appréciation de la science et de la pratique.

Lunel, le 25 mars 1859.

De l'introduction en Europe des éducations automnales, et de la conservation de la graine de vers à soie, au temps de Henri IV, et de la REINVENTION *de ces procédés au* XIXᵉ *siècle.*

Vers la fin du XVIᵉ siècle, rapporte Matthieu Bonafous, qui fut aux idées religieuses ce que le XIXᵉ est aux idées politiques , la France se débattait dans les convulsions d'une longue guerre civile, pendant qu'Olivier de Serres , retiré dans sa terre du Pradel, ne pensait qu'à perfectionner l'art paisible qui féconde les champs, humanise les peuples et alimente toutes les industries.

C'est là, dans cette résidence patriarcale, au pied des montagnes volcaniques du

Lirac, de Voisier-Lavernière, Pons-Caylus, Mlle Peltzer, de Francheville, Maupoil, Du Dolo, Millet et Robinet, Jousse, Meifredey, J. Heddie, etc.

Telle était encore, en 1840, l'état de la question, résolue d'une manière affirmative par la pratique, rendant superflue toute contestation ultérieure sur ce point. Nos observations n'ont donc d'autre but que de constater un fait et de rendre aux siècles antérieurs ce qui leur appartient.

Il nous reste maintenant à examiner si les procédés préconisés par nos contemporains sont préférables ou inférieurs à ceux indiqués par Olivier de Serres, procédés qui se résument dans le précepte suivant : « *La feulle nouvelle est aux jeunes vers comme à l'enfant le laict de sa mère.* »

A côté des prescriptions aussi simples que rationnelles d'Olivier de Serres, nous placerons les recommandations que nous trouvons dans une publication récente :

1° Magnanerie munie de bons moyens de chauffage ;

2° Feuilles ramassées à l'extrémité des branches, en descendant jusqu'aux six premières feuilles ;

3° Parfait état de conservation des graines, qui, ne pouvant s'obtenir qu'à l'aide de moyens puissants et compliqués, donnera lieu sans doute, un jour, à une nouvelle branche d'industrie.

Il nous a été révélé, en effet, tout récemment, à l'occasion de certaine contestation[1], par l'un des auteurs mêmes de cette nouvelle branche d'industrie, que l'on pou-

---

[1] Attaqué de la manière la plus brutale par un journal à peine éclos (c'était son deuxième numéro), auquel nous n'étions pas abonné et dont nous ignorions même l'existence, mais dont l'origine et le but ne sont un secret pour personne, nous avions eu la faiblesse, nous devons le confesser, usant du droit qui nous était conféré par l'article 11 de la loi du 22 mars 1822, de repousser une agression aussi injurieuse dans la forme que peu fondée au fond.

Cité en police correctionnelle par nos agresseurs, nonobstant une deuxième attaque de leur part et le refus d'insérer notre nouvelle réponse, en une demande en dommages de la modeste somme de 10,000 fr., nous fûmes condamné à 25 fr. d'amende. Le véritable coupable, si coupable il y avait, c'est-à-dire le journaliste qui avait donné la publicité à la réponse incriminée, ne fut pas même appelé au procès, et cela se comprend, ainsi que le faisait judicieusement observer devant la Cour notre spirituel défenseur : il aurait fallu que le demandeur se fît lui-même assigner.

Convaincu de l'erreur de nos premiers juges, et nous rappelant la devise du Meunier de Sans-Souci, nous relevâmes appel devant la Cour, qui réforma le jugement du Tribunal.

Ayant, après l'arrêt de la Cour, vainement réclamé de nos adversaires l'insertion dans leur propre journal, ainsi que nous en avions le droit, d'une réponse aux trois articles qu'ils avaient successivement publiés postérieurement au jugement du Tribunal correctionnel, nous fûmes contraint, non sans avoir épuisé tous les moyens de conciliation, de recourir au ministère de l'huissier, pour obtenir la réparation que nous aurions dû attendre de leur loyauté.

3

vait conserver 2,000 kilogrammes de graines, soit 80,000 onces de 25 grammes, donnant un modeste revenu annuel de onze cent cinquante mille francs.

L'expérience nous a démontré que, si les procédés d'éducation indiqués plus haut,

Afin que chacun puisse apprécier la valeur des allégations contenues dans la presse Valréassienne, nous croyons devoir donner ici la fin de notre lettre, qui a précédé la sommation par huissier.

« Au surplus, pour vous prouver, Monsieur, que nous n'apportons ni haine, ni passions, ni même de la colère dans nos actes, et que nous savons oublier, nous sommes disposé, pour en finir, à accepter la rédaction que vous voudrez bien nous proposer, pourvu que cette rédaction soit franche, loyale, et conçue enfin dans des termes intelligibles pour tout le monde. Si vous avez le même désir, veuillez nous faire parvenir votre projet par le retour du courrier, avec l'engagement d'honneur qu'après acceptation de notre part il sera inséré dans votre prochain numéro du 3 mars. »

Ce sont là les termes que la presse Valréassienne qualifie d'irrévérencieux, et qui l'ont placée dans la nécessité d'attendre une sommation par huissier.

Voici notre lettre en réponse aux trois articles dont la presse Valréassienne avait fait suivre le jugement du Tribunal correctionnel ·

Lunel, le 12 janvier 1859.

A Messieurs les Praticiens de Valréas, RÉINVENTEURS des éducations automnales et de la conservation de la graine de vers à soie.

Vous vous êtes empressés d'annoncer, dans les numéros des 18 août, 3 et 18 septembre dernier, ma déconvenue devant le Tribunal correctionnel d'Orange, aux nombreux lecteurs, mais rares abonnés, de la Sériciculture pratique. Je ne conteste pas votre droit; mais du moins il m'était permis de penser que vous ne méconnaîtriez pas les miens.

J'attendais donc, des sentiments de justice dont vous avez donné des preuves que j'ose dire surabondantes, le même empressement à signaler ma réhabilitation par la Cour impériale de Nimes. Aussi, en ouvrant votre feuille du 3 janvier courant, ai-je été surpris de votre mutisme absolu dans cette circonstance.

Vous ne pouvez cependant prétexter d'ignorance : le comité de Valréas était représenté en nombre plus que suffisant à l'audience, où il a pu constater que la Cour, infirmant, par son arrêt du 30 décembre dernier, le jugement du Tribunal correctionnel d'Orange, m'a relevé des condamnations prononcées par ce jugement.

Je suis vraiment étonné que vous, chers confrères en sériciculture, passez-moi cette glorieuse qualification, qui êtes si forts en toutes choses, à l'endroit surtout de la morale du bon La Fontaine, vous n'ayez pas mieux retenu celle qui fait le sujet de la fable de l'Ours et les deux Compagnons, soit dit sans allusion aucune.

L'issue du procès qu'il a plu à l'un de vous de me faire, ne pouvait être l'objet d'un doute pour personne, pas même pour votre comité de rédaction, où s'élaborent ces merveilleuses condamnés par le bon sens le plus vulgaire, sont profitables à certain trafic, ils ne peuvent conduire qu'à des résultats négatifs pour la masse, propres à faire repous-

découvertes qui, échappées, comme vous le savez, aux temps passés, feront indubitablement l'admiration des générations futures.

C'est pourquoi, malgré la célébrité connue de la ville d'*Orange* en fait de droit, malgré même l'illustration de l'école Valréassienne, la Cour impériale de Nimes ayant mis à néant les condamnations quelque peu hétérodoxes de votre Tribunal contre moi, j'avais espéré que, guidés par le simple sens moral, vous considéreriez comme un devoir de donner, dans l'intérêt de la vérité, à un arrêt de cour souveraine, la même publicité que vous aviez donnée, avec un peu trop de hâte sans doute, au jugement infirmé ; les arrêts de la Cour de Nimes étant, je pense, aussi dignes de votre considération que les jugements de votre Tribunal d'Orange.

Serait-ce m'abuser, Messieurs les Praticiens, que d'espérer de la courtoisie qui vous distingue, qu'il vous plaira de réparer cet oubli dans un bref délai, et que le journal la Sériciculture pratique, semblable en ce point à la lance d'Achille, saura guérir, sinon les blessures, du moins les égratignures qu'il a faites.

Au cas où je me ferais illusion sur votre bonne volonté à cet égard, je vous prierais et au besoin vous requerrais de faire insérer dans le plus prochain numéro de votre journal, soit à la page des annonces, soit en caractères microscopiques et même un peu maculés, si cela vous convient, cette réponse à vos trois articles des 18 août, 3 et 18 septembre dernier.

J'ose croire que vous ne verrez dans ma lettre rien qui porte atteinte à ce que l'école ou la presse Valréassienne appelle les *droits de sa grandeur*, droits auxquels elle prétend, non sans raison, tenir essentiellement. Je serais vraiment désolé de la troubler dans les jouissances d'un orgueil si légitime. Cette grandeur, puisque grandeur il y a, me paraissant de la nature de celles qui peuvent être gravement compromises par la moindre atteinte, vu, je me hâte de l'ajouter, la convexité et la dépendance absolue de ses éléments constitutifs, je dois tenir essentiellement, à mon tour et pour cause, à laisser cette grandeur dans sa parfaite intégrité.

Restons donc tels que nous sommes, vous avec vos découvertes dont le comité de Valréas veut bien attester la récente origine en même temps qu'il en préconise l'excellence, avec même tous les droits d'une grandeur à laquelle vous tenez essentiellement, et dont je suis loin, je vous le jure, d'être jaloux; et moi, avec mes titres, mes qualités, mon *Morus Japonica* et mes vins qui n'ont pas besoin d'être colportés en voitures plus ou moins bariolées, vu que leur mérite est attesté par dix médailles d'honneur rendant superflues, je crois, vos appréciations personnelles, et qui ne peuvent être d'ailleurs, pour certaines gens, que *margaritas antè porcos*.

Je termine, Messieurs les professeurs de la haute école, en vous prévenant que je cesse toute polémique avec les membres de votre illustre aréopage, ne me sentant pas de force à lutter contre huit athlètes armés d'un journal-prospectus, dont il m'a été donné d'éprouver la valeur et l'adresse.

Je suis, Messieurs les Praticiens, avec toute la considération qui vous est due,

Votre très-humble serviteur,

E. Nourrigat.

sur de la pratique une utile ressource pour l'agriculture, les produits obtenus à l'aide de ces procédés ayant à peine suffi pour payer le prix de la graine, dans certains arrondissements.

Il ne nous paraît même guère possible d'admettre comme plus encourageants, les résultats signalés par les intéressants renseignements recueillis par M. le Préfet de l'Ardèche, si ces résultats, qui couvrent à peine les frais, ne devaient pas s'améliorer.

Voici les inconvénients qui résultent, selon nous, des méthodes proposées par la nouvelle école, où s'élaborent ces merveilleuses découvertes, qui, échappées aux temps passés, feront indubitablement l'admiration des générations futures, et dont certains disciples veulent bien attester la récente origine, en même temps qu'ils en préconisent l'excellence.

Premier moyen.—Le chauffage des magnaneries étant inutile en automne, on n'a pas à s'en préoccuper : on se priverait par ce chauffage des avantages qui résultent de l'éducation à air libre, surtout au point de vue hygiénique de l'insecte. Il suffira donc, ainsi que nous l'avons indiqué dans notre dernière publication sur les éducations automnales [1], de fermer les fenêtres la nuit, pour maintenir la chaleur du jour.

Deuxième moyen. — On ne pourra trouver, à l'extrémité des branches des arbres, des feuilles suffisamment tendres et en assez grande quantité pour une éducation industrielle d'une importance quelconque.

En confondant d'ailleurs les six premières feuilles, par conséquent de maturité inégale, on se créera, dès le début, une même inégalité dans la marche de la chambrée, rendant impossible tout succès utile.

Enfin, en faisant subir un second effeuillement à l'arbre, alors qu'il est encore en végétation, c'est occasionner sa ruine dans un temps peu éloigné.

Quant au *troisième moyen*, celui de la conservation de la graine, que l'on a présenté comme une récente découverte tenue à l'état de mystère et protégée, affirme-t-on, par un brevet d'invention s. g. d. g., chacun ayant pu par sa propre expérience juger du mérite des moyens pratiques, nous croyons pouvoir nous dispenser d'insister sur ce point. Nous nous bornerons donc à dire que, par les procédés que nous allons indiquer, nous n'avons jamais perdu un seul œuf à l'éclosion, et qu'après douze jours d'incubation à la température naturelle, les naissances sont spontanées. Les vers, alimentés dans leurs premiers âges par la feuille naissante de la plante vivace que nous avons importée du Japon (*Morus Japonica*), marchent avec une simultanéité remarquable, montent à la bruyère en 40 ou 42 jours, ne laissant ni morts ni malades sur les litières, et produisent enfin d'excellents et abondants cocons. La

---

[1] Prix 4 fr. rendu franco par la poste, contre l'envoi franco de pareille somme en timbres-poste. Chez l'auteur à Lunel (Hérault.

graine provenant de ces éducations, pondue en novembre, a constamment donné les résultats les plus satisfaisants, à chaque printemps suivant. Et ce qu'il y a surtout de remarquable dans cette semence, c'est la spontanéité des naissances à l'incubation ; un jour d'avant-coureurs et deux jours d'éclosion suffisent à la complète apparition des vers.

Ne dépouillant le mûrier ordinaire de sa seconde feuille que dans le cinquième âge du ver, au moment où la sève de l'arbre est complètement arrêtée, on ne peut alors lui occasionner de préjudice.

Voici les procédés de conservation à l'aide desquels on pourra se procurer, pour 1 fr. à 1 fr. 50 c., au lieu de 15 à 16 fr. l'once de 25 grammes, une graine offrant toute sécurité pour les éducations d'automne, et dont l'application ne présente pas de difficultés sérieuses, n'exigeant aucun *moyen puissant ni compliqué*, ne doutant pas d'ailleurs que, dans leur sollicitude constante pour la prospérité publique, les administrations communales, départementales et les conseils généraux de nos contrées séricicoles n'en facilitent les moyens d'exécution, en mettant à la disposition des éducateurs les glacières publiques, dont ceux-ci pourront faire usage sans nuire en aucune façon à la glace qu'elles pourront contenir.

Les graines propres aux éducations d'automne ne diffèrent de celles du printemps que par le retard que l'on provoque dans le travail de l'embryon au moyen d'une basse température. C'est donc en suspendant la vie de l'insecte pendant quatre mois environ que nous sommes parvenu à résoudre utilement le problème. L'efficacité de notre procédé nous est attestée par six années d'épreuves.

Nous plaçons dans de petits sachets en toile, au fond desquels nous avons préalablement introduit un rond en carton, afin que le sachet ne fasse pas poche et que la graine ne soit pas trop agglomérée, 50 grammes d'œufs. Trois ou quatre de ces sachets ainsi préparés sont ensuite suspendus dans un même bocal en verre, de la capacité de deux litres environ, après avoir placé au fond du bocal une couche de plâtre sec en poudre, de 2 à 3 centimètres d'épaisseur.

On peut sans inconvénient introduire dans un bocal de capacité plus grande, un plus grand nombre de sachets.

Le bocal hermétiquement fermé avec un bouchon de liége, et de telle sorte que l'orifice du vase fasse saillie, nous versons sur le bouchon une couche de plâtre liquide, et lorsqu'il a fait prise et qu'il est bien sec, nous recouvrons avec de la toile cirée, ainsi qu'on le fait pour les pots de confiture.

Ces bocaux ainsi disposés sont ensuite placés droits dans un panier ou une caisse à compartiments, comme ceux qui servent au transport des bouteilles, et parfaitement assujettis avec de la mousse ou de la paille.

Introduits vers la fin de février ou les premiers jours de mars au plus tard, dans une glacière et en contact même avec la glace, ils ne sont retirés qu'au moment de mettre la graine à l'incubation.

Nous avons tenté un autre moyen dont l'efficacité ne nous est pas encore bien démontrée, qui consiste à introduire la graine dans des tubes en verre dans lesquels le vide a été opéré au moyen de la machine pneumatique. Grâce aux soins obligeants de M. le professeur Cauvy, de l'Ecole de pharmacie de Montpellier, nous avons pu renouveler cette expérience il y a peu de jours ; nous en ferons connaître les résultats à l'automne prochain.

Une condition essentielle à observer pour le succès des graines soumises à ces expériences, c'est qu'elles n'aient pas éprouvé de commencement de travail. On comprendra dès lors le peu de garanties qu'offrent les graines de commerce et la nouvelle nécessité pour l'éducateur de confectionner lui-même sa graine. Préalablement conservée à une température qui n'a pas dépassé 6 à 8° Réaumur, la graine peut être soumise en toute sécurité à l'épreuve que nous venons d'indiquer.

Pour faire apprécier les avantages de nos procédés et l'utilité qui peut en résulter pour l'agriculture, nous croyons devoir donner ici les résultats de notre dernière éducation d'automne, à la température naturelle.

L'importance de cette éducation était de 250 grammes d'œufs.

Incubation......................	18 août.
Naissances..................	30 à 31 —
Levée de la 1re mue..............	7 septembre.
— 2e —	13 —
— 3e —	20 —
— 4e —	29 —
Montée....................	10 à 11 octobre.

Température moyenne.

Incubation......................	19 degrés Réaumur.
Naissances......................	18 3/4 —
1er Age.......................	17 1/4 —
2e —.......................	15 1/2 —
3e —.......................	15 1/2 —
4e —.......................	15 1/4 —
5e —.......................	15 1/2 —

Feuille consommée.

1er âge.........   26 kilogrammes *Morus Japonica.*
2e —   78   —   —
3e —   256   —   —
4e —   775   —   —
5e —   3494   —   Mûrier ordinaire.

TOTAL ....   4627 kilogrammes.

PRODUIT.

507 kilogrammes 200 grammes cocons à 5 fr...............   2,036   »
Fumier résultant des litières............................•   35   »

                                                              2,071   »

FRAIS.

250 gram. de graines, à 1 fr. 50 c. les 25 gram.. 15 fr. » ⎫
210 journées de femme à 1 fr. 25 c............ 262   50 ⎬   277 50
                                                           ⎭

PRODUIT NET......................   1,793   50

donnant à la feuille consommée un prix de 38 fr. 75 c. les 100 kil.

Le produit relatif est de :

1,628 grammes cocons par gramme d'œufs, ou
40,700   —   — par once de 25 grammes d'œufs, et de
8,800   —   — par 100 kilogrammes de feuilles consommées.

Ces résultats me paraissent de nature à fixer l'attention de l'Europe séricicole, dans un moment surtout où la diminution successive dans le produit annuel de ses récoltes a ouvert aux matières soyeuses de l'Asie des débouchés immenses, et dont l'envahissement toujours croissant peut amener la ruine de notre industrie séricifère; car, si la consommation est intéressée à l'arrivée des soies étrangères, la production indigène ne peut que la redouter.

Produire beaucoup et à bon marché, tels sont les seuls moyens à opposer à cette concurrence désastreuse pour l'avenir de notre agriculture.

Lunel, le 12 mars 1859.

Montpellier. — Typographie de BŒHM.

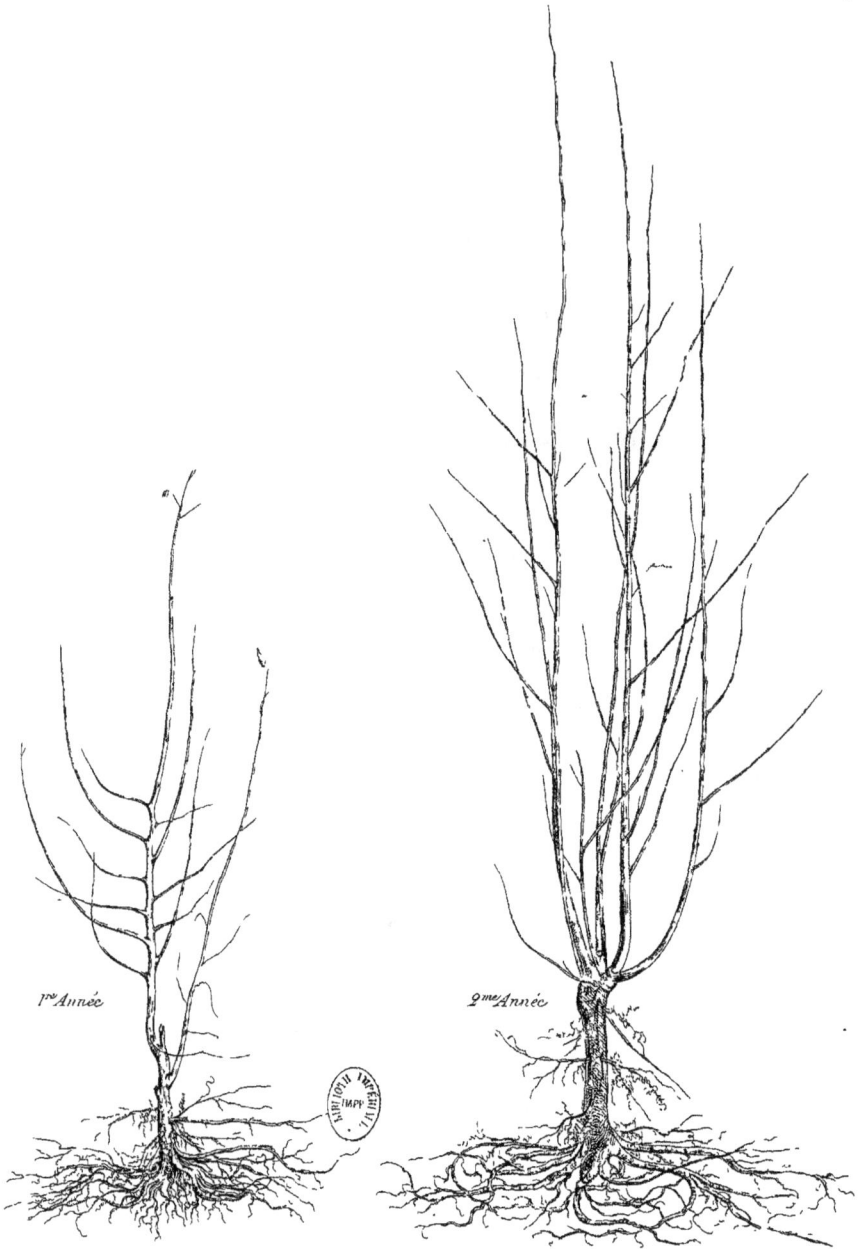

1re Année

2me Année

LE NANGASAKI (Morus Japonica.)

Lith de Boehm, Montpellier.

LE NANGASAKI

(MORUS JAPONICA)

> L'homme ne sait pas assez ce que la
> nature peut, ni ce qu'il peut sur elle.
>
> BUFFON.

Plus d'un siècle a déjà passé sur les travaux du savant et immortel naturaliste ; et bien que depuis lors l'application des sciences au bien-être des peuples, les recherches des courageux et intrépides navigateurs aient réalisé de nombreuses conquêtes sur la nature, il reste encore d'intéressantes découvertes à faire, de procédés utiles à inventer.

En effet, et ainsi que le signalait récemment l'un des dignes successeurs de Buffon, sur 140,000 espèces animales jetées sur le globe par le Créateur, 43,000 seulement sont au pouvoir de l'homme ; on peut donc le dire hardiment, avec l'honorable président de la Société Impériale zoologique d'acclimatation : il ne reste pas seulement à glaner sur les pas des générations antérieures ; de riches moissons sont encore debout.

Si beaucoup de découvertes des temps modernes ne sont que la reproduction d'inventions ou de procédés connus des anciens, que des circonstances purement accidentelles ont restituées à la science humaine, d'autres peuvent être considérées aussi comme le résultat des recherches d'hommes intelligents, ou bien le produit de judicieuses observations, d'habiles expérimentations et de laborieux travaux en dehors de toute idée antérieure. Certaines autres, enfin, ont été la récompense de persévérantes études pour retrouver des procédés perdus, dont les produits, échappés aux ravages des temps, attestaient l'existence à des époques reculées.

Il est incontestable que des procédés perdus, retrouvés de nouveau et encore oubliés, n'ont pu être découverts malgré les laborieuses recherches d'hommes de savoir ou de praticiens recommandables ; de nombreux exemples nous seraient faciles à fournir.

Les connaissances incomplètes que nous possédons de la Chine, du Japon, de l'Inde, de la Perse et de diverses autres régions de la terre, ne nous permettent pas de décider si des produits naturels dont nous serions privés, ou si de précieuses recettes, héritage des siècles antérieurs, se rattachant à d'utiles industries, n'en auraient pas favorisé les progrès plus que dans nos contrées occidentales ; mais ce dont il n'est pas permis de douter, c'est que parmi ces industries étrangères, il en existe certaines dignes de fixer notre attention et de provoquer notre émulation.

Les porcelaines du Japon n'ont-elles pas été longtemps considérées comme sans rivales ; les merveilleux tissus de l'Inde, les brillants et moelleux tapis de la Perse, etc., — n'ont-ils pas, pendant longtemps encore, captivé l'admiration générale et défié toute imitation ?

Emprunter un procédé, un végétal à l'Orient, si ce procédé ou cette plante peut accroître nos richesses industrielles ou agricoles, n'est-ce pas, ainsi que l'a proclamé l'un des plus grands écrivains du siècle dernier, faire une œuvre utile à son pays ?

Ce n'est donc pas seulement dans les lumières de la science moderne que nous devons chercher les moyens de faire progresser l'industrie de la soie ; les contrées lointaines peuvent encore nous fournir d'utiles enseignements. Grâce aux traductions de savants synologues, nous pouvons sonder aujourd'hui les pratiques salutaires, sanctionnées par près de quarante-cinq siècles d'expérience de ces peuples mystérieux.

Bien que de temps immémorial l'industrie de la soie constitue l'une des productions les plus importantes de la Chine, mise en honneur dans ce vaste Empire, elle n'a franchi la grande muraille, pour arriver au Japon, que dans le troisième siècle de notre ère ; importée trois siècles plus tard à Constantinople, elle n'est parvenue jusqu'à nous qu'environ huit cents ans après cette dernière date.

En Chine, en Perse, au Bengale, au Japon, etc., on fait jusqu'à douze éducations successives dans une même année ; ne pourrions-nous, ainsi que cela se pratique d'ailleurs dans le royaume de Naples, en faire au moins deux dans cette même période ; le climat du midi de la France diffère-t-il si essentiellement de celui des contrées originaires du ver à soie, pour que nous ne puissions utiliser avec succès la feuille tombante des mûriers en automne, et doubler ainsi nos récoltes sans nuire à l'avenir de ce précieux végétal ?

De nombreuses tentatives, remontant à près d'un siècle, successivement renouvelées depuis lors, étant restées sans succès jusqu'à nos jours, ne devons-nous pas conclure que ces échecs ne peuvent être attribués qu'aux imperfections des moyens pratiqués ou à l'ignorance des indispensables méthodes connues des peuples d'Orient ? C'est du moins ce que pourrait me permettre d'affirmer aujourd'hui d'heureux résultats, prix de mes incessantes et laborieuses expériences. Je ne présenterai donc pas mon procédé comme le fruit d'une nouvelle découverte, cuirassée d'un brevet d'invention ; mon travail n'ayant tout au plus que le faible mérite d'être parvenu, au moyen de persévérants efforts, à vulgariser en France une pratique connue depuis des siècles des peuples d'Orient : heureux si je puis faire une œuvre utile en livrant aux éducateurs un moyen de plus pour augmenter leurs revenus.

En Chine, au Japon, comme en Europe, les procédés d'éducation du précieux insecte sont les mêmes : des soins continuels, de la patience, de la propreté, pureté de l'air au moyen d'une ventilation constante, température régulière et soutenue, espacement convenable des vers sur les claies, parfaite égalité et simultanéité rigoureuse dans toutes les phases de leur existence, homogénéité des races, fréquence des repas, choix de la feuille alimentaire, etc. : tels sont en substance les principes qui résument les Traités chinois ou japonnais.

Les populations orientales, dont la patience est proverbiale, poussent, on pourrait le dire, jusqu'à l'excès, les soins à donner à l'éducation de ces frêles insectes ; elles leur servent, dès leur naissance, jusqu'à quarante-huit repas en vingt-quatre heures, en diminuant successivement leur nombre à mesure qu'ils avancent en âge ; elles les éloignent avec précaution de tout bruit, des émanations des bestiaux, de toute mauvaise odeur, de la fumée, de la poussière ; elles leur choisissent ce qu'elles appellent *une mère* dont les douces mœurs et la tendre sollicitude pour ses intéressants nourrissons la porte, avant que de prendre possession de la chambrée, à se laver et à se couvrir de vêtements propres et légers, afin de ne pas y introduire des émanations antipathiques et de se rendre plus sensible aux moindres variations de température qui pourraient survenir dans l'atelier, et par conséquent plus aptes à y remédier ; les odeurs ou les phénomènes atmosphériques étant considérés comme très-préjudiciables à ces frêles créatures.

Ces pratiques, si minutieuses qu'elles puissent paraître au premier abord, témoignent de la nécessité, sanctionnée par quarante siècles d'expérience, de soins continuels et assidus dont les vers doivent être entourés.

En effet, de même qu'il faut à l'enfant qui vient de naître, des soins et une nourriture en rapport avec ses faibles organes ; de même aussi il faut procurer aux jeunes vers un aliment assimilé à leurs tendres organes ; je l'ai dit autre part : le ver doit naître avec le bouton et pour ainsi dire sous le même soleil. Ce n'est donc que par une sage et intelligente application de ces principes, appropriés à notre climat, que l'on pourra parvenir à d'heureux et lucratifs résultats.

Mais si ces conditions sont indispensables au succès des éducations printanières, elles ne sont pas moins d'une application rigoureuse à celles d'automne. Pour vaincre en outre les obstacles qui naissent de l'état anormal de la vie de l'insecte dans cette saison, trois difficultés principales sont à combattre :

1º L'éclosion de la graine en temps opportun.

2º Une nourriture égale et assimilée à l'âge du ver, afin de lui faire parcourir avec simultanéité toutes les phases de sa courte existence.

3º Enfin, le préjudice que l'on peut occasionner aux mûriers par un second effeuillement intempestif.

Ces difficultés, je les ai vaincues, je crois pouvoir le dire, et les résultats que j'ai obtenus, sanctionnés par des expériences successives, ne laissent plus de doutes sur l'efficacité de mes procédés, les produits obtenus étant, sinon supérieurs, tout au moins aussi parfaits que ceux provenant des éducations de printemps, ainsi que l'a constaté la Commission des soies de Lyon, que recommandent ses hautes lumières et son dévouement constant aux progrès d'une industrie qui fait la richesse et la réputation justement méritée de cette cité industrielle.

Le NANGASAKI, importé du Japon en 1849, est parfaitement acclimaté ; il résiste à toutes les intempéries et prospère dans toutes les natures de terres ; sa culture ne demande d'autres soins que celle des mûriers ordinaires. La facilité vraiment prodigieuse avec laquelle il se reproduit, peut, en très-peu de temps et pour ainsi dire sans frais, pourvoir à la création de plantations immenses. Espacé à deux mètres en tous sens, un hectare peut recevoir 2,500 sujets.

Sans attendre six ou huit années les produits d'une première récolte, comme ceux du mûrier indigène, la feuille du Nangasaki peut, à sa troisième année, remplacer avec avantage celle du premier arbre, joignant enfin aux qualités du mûrier greffé, les immenses avantages du sauvageon ; ses feuilles, bien que grandes, minces et souples, ne sont pas plus accessibles que celles des espèces les plus robustes, aux accidents atmosphériques ; les vers la mangent avec avidité.

S'élevant, dès sa première année, à plusieurs mètres de hauteur, cet arbuste fournit un bois abondant et d'un grand produit. Cultivé en touffe, sa taille annuelle, n'exigeant par conséquent aucune étude spéciale, peut être pratiquée par les personnes les moins expérimentées ; sa cueillette est facile, économique et sans dangers pour les ramasseuses, la flexibilité de ses longs rameaux permettant d'atteindre la feuille du sol même.

La feuille du Nangasaki présente non-seulement une précieuse ressource pour les éducations du printemps ; mais cet arbuste arrive encore par sa végétation constante et le renouvellement incessant de ses feuilles, comme un puissant et indispensable auxiliaire au succès des éducations multiples ou automnales. Dès la première année de la culture, il fournit un excellent et abondant feuillage, propre à alimenter les vers jusqu'à leur quatrième mue, la seconde feuille du mûrier ordinaire ne leur étant servie qu'au cinquième âge et au moment où la sève de l'arbre, complètement arrêtée, cette feuille se détache d'elle-même du sujet.

Cent sujets de première année du Nangasaki pouvant suffire, dès la même année, à la reproduction de près de mille sujets, on se trouvera donc en possession immédiate d'une plantation propre à alimenter, à l'automne qui succède au printemps de la plantation, les vers résultant de plusieurs onces d'œufs.

Tels sont les avantages que présentent le Nangasaki, constatés par l'expérience des années, et que je n'ai pas cru devoir signaler plus tôt, par la défiance bien naturelle que devait m'inspirer une plante inconnue et dont le mérite était problématique.

On trouvera dans mon Traité les procédés de culture et de multiplication de ce végétal, dont le produit de l'un et de l'autre est destiné à la création d'un établissement d'enseignement gratuit théorique et pratique de sériciculture.

Cette institution, dont l'utilité ne saurait être contestée, étant une œuvre éminemment patriotique, les noms des souscripteurs qui auront concouru à sa fondation, seront inscrits en tête de l'ouvrage.

Émile NOURRIGAT,
Membre de plusieurs Sociétés agricoles.

Lunel, le 15 avril 1857.

Montpellier, Imp. BOEHM. — 1857.

1855

EXPOSITION UNIVERSELLE

MÉDAILLE

DE PREMIÈRE CLASSE

POUR

Supériorité de Produits, propagation des meilleures races de Vers à Soie

ET DES MÉTHODES LES PLUS RATIONNELLES D'ÉDUCATION.

SEPT MÉDAILLES D'HONNEUR.

(1851, 1852, 1853, 1855 et 1857.)

L'ART

DE

TRIPLER LA PRODUCTION DE LA SOIE

ET CELLE DU MURIER

OU

Manuel de l'Éducateur et du Cultivateur du Mûrier,

Par ÉMILE NOURRIGAT,

Propriétaire-Éducateur à Lunel (Hérault),

Propriétaire-Directeur de l'Établissement séricicole de l'Hérault pour l'amélioration des races de vers à soie ; — Auteur du Tableau synoptique de sériciculture;— Membre de la Société séricicole de France, — de l'Académie Nationale Agricole Manufacturière et Commerciale,—de la Société impériale zoologique d'acclimatation d'Encouragement pour l'Industrie nationale; — Membre correspondant des Sociétés d'Agriculture et Comices agricoles de l'Hérault , de Vaucluse et d'Alais ; — Ancien adjoint à la Mairie ; — Ancien Président-Fondateur de la Caisse d'Épargne cantonale; — Ancien suppléant à la Justice-de-paix de Lunel.

Propriétaire des crus renommés des vins

MUSCAT et TOKAI du coteau de FONTCENDREUSE , ex-domaine de J.-B. DURAND, ancien Maître de poste à Lunel.

Prix : 25 Francs , rendu franco par la poste.

Ouvrage orné de plus de 150 figures indiquant :

1° Les moyens d'améliorer la culture du mûrier , en triplant sa production ;

2° La nature et la culture du végétal auxiliaire au mûrier, et propre à assurer le succès des éducations d'automne, aussi bien que celui des éducations de printemps, végétal dont la culture, aussi facile qu'économique, peut permettre, dès la première année , à tous possesseurs ou fermiers d'un petit coin de terre, de se livrer avec succès à l'éducation des vers à soie ;

3° Les procédés pour confectionner une graine offrant une garantie certaine de réussite pour les éducations de printemps et d'automne, avec une économie de 90 p. °/₀ sur les prix actuels;

4° Enfin, les conditions indispensables au succès des éducations multiples ou automnales.

Ce Traité, qui a reçu déjà l'adhésion de nombreuses Sociétés agricoles, et dont le produit est destiné à la création d'un établissement d'enseignement gratuit théorique et pratique de sériciculture, auquel M. Guérin-Méneville viendra prêter annuellement l'appui de sa haute et profonde science entomologique, paraîtra après un nombre déterminé de souscripteurs.

On souscrit chez l'auteur, à Lunel. *Écrire franco.*

———●⊂❄⊃●———

MONSIEU ,

L'accueil bienveillant qu'a reçu des éducateurs mon Tableau synoptique, arrivé en peu d'années à sa troisième édition ; le désir exprimé par nombre d'entre eux de voir donner à ce travail des développements que m'interdisaient les bornes dans lesquelles je devais le circonscrire ; les malheurs qui pèsent sur l'industrie de la soie, dont j'ai tenté, avec une énergique persévérance, à atténuer les effets en appelant à mon aide les moyens qu'indiquent la science ; les resultats de ces moyens constatés par d'heureuses expériences, m'ont suggéré l'idée d'un ouvrage où je me propose, en premier lieu, de signaler les causes des revers qui trompent depuis trop longtemps les sériciculteurs, et d'indiquer, en second lieu, les divers procédés dont le succès a démontré l'utilité : procédés qui, présentés dans un ordre méthodique, formeront un système rationnel d'une application aussi simple que peu dispendieuse, et au moyen de laquelle tout éducateur pourra se soustraire à la pernicieuse influence qui le prive du fruit de ses travaux.

Un point capital, je dirai même le plus important de tous, c'est le confectionnement de la graine. Il est facile de comprendre, à cet égard, que la graine préparée et recueillie par l'éducateur lui-même offre des garanties qu'on chercherait en vain dans celle d'origine étrangère, exposée dans ses déplacements, non-seulement à toutes sortes de vicissitudes, mais encore à d'étranges mélanges ou altérations de la part d'avides spéculateurs. Acheter une graine dont on ignore la provenance, c'est donc se préparer dès l'origine un insuccès presque certain et que ne saurait détourner l'emploi subséquent des procédés d'éducation les plus efficaces.

Comment expliquer, en effet, si ce n'est par la bonté ou la défectuosité de la graine, la réussite et les revers simultanés de certaines chambrées placées dans des conditions identiques, et dont les unes prospèrent malgré l'insuffisance des soins, tandis que les autres échouent au contraire en dépit des précautions les plus minutieuses ?

Mais, si le choix d'une graine connue (et nulle ne peut l'être mieux que celle qu'on prépare soi-même) est indispensable au succès, il n'exclut pas pourtant l'emploi d'autres moyens presque aussi essentiels, parmi lesquels viennent se placer, en première ligne, ceux qui tendent, soit à conserver la vigueur native du précieux insecte, soit à éloigner de lui les causes qui peuvent affaiblir ou altérer sa constitution et amener par suite sa dégénérescence. Des vers provenus d'une graine irréprochable peuvent produire à leur tour une graine débile, affaiblie ou maladive : cet accident, qui peut se rattacher à plusieurs causes, est le plus souvent la conséquence d'une alimentation vicieuse ou insuffisante.

Le sériciculteur intelligent doit donc s'attacher encore à fournir au ver une nourriture saine et abondante, appropriée surtout à son âge, et à se ménager, en cas d'insuccès d'une première éducation printanière, des ressources qui le mettent à même d'entreprendre, avec d'heureuses chances, une éducation automnale qui puisse le dédommager d'un premier revers ou lui offrir les bénéfices d'une seconde réussite.

Je ferai connaître dans mon Traité un précieux végétal fournissant, dès la première année de sa plantation, une feuille constamment en rapport avec les facultés digestives du ver, se reproduisant, pour ainsi dire, sous la main qui la cueille, et destinée à suppléer au défaut du mûrier indigène, alors qu'il est victime d'un accident atmosphérique. Ce végétal, qui se développe avec une étonnante rapidité et qui n'exige, selon que je l'ai déjà dit, qu'une culture aussi simple qu'économique, réussit dans tous les terrains et sous tous les climats où prospère le mûrier, où il peut être multiplié à l'infini en quelques années.

Ce simple énoncé suffit pour faire apprécier à MM. les éducateurs et aux propriétaires jaloux d'augmenter leurs produits, ainsi qu'à toutes les industries qui reçoivent la vie de cette importante branche de notre agriculture, l'utilité du Traité que je leur offre.

É. NOURRIGAT.

Montpellier. — BOEHM, Impr. de l'Académie.

VINS BLANCS DE LUNEL

GRAND MOUSSEUX

La supériorité des produits du Midi sur ceux de la Marne, est un fait incontestable. Les vins du Languedoc, bien faits et naturels, ont très-peu de rivaux et viennent toujours en aide, surtout dans les années mauvaises, à l'amélioration de ceux des contrées moins favorisées.

La nature a tout prodigué de ce côté à cette fertile province de la France. Son heureuse situation, la douceur de sa température, les nombreuses variétés de son sol et de ses expositions, permettent l'acclimatation et la prospérité d'une foule de cépages et de plantes exotiques dont les produits, convenablement traités, ne sont pas moins bien appréciés que ceux d'origine, ainsi que l'attestent d'ailleurs les nombreuses décisions des jurys internationaux, notamment pour les excellents vins de **Muscat** et de **Tokay** récoltés à Lunel, dont la réputation est universelle.

Le but que l'on doit se proposer dans la fabrication des vins mousseux est : sans recourir à des matières autres que celles fournies par la vigne, d'obtenir un vin de conserve et propre à satisfaire le goût des consommateurs. On parviendra à ce double but par un choix intelligent de cépages, de la nature du sol et de l'exposition, et surtout par des soins exceptionnels apportés aux travaux de la vendange et dans les manipulations ultérieures des liquides, tout en leur conservant leur qualité naturelle.

Convaincu, par une longue suite d'expériences, que l'Hérault est susceptible de produire des vins mousseux, sinon supérieurs, mais égalant tout au moins en qualité ceux des meilleurs crûs de la Champagne, et encouragé par le bienveillant accueil qu'ont rencontré mes premières tentatives dans cette industrie agricole, j'ai dû, pour satisfaire aux importantes demandes qui me sont faites, donner à ma production une extension plus large; la consommation des vins mousseux, d'ailleurs très-répandue aujourd'hui, tendant à se généraliser de plus en plus, leur assure un débouché facile.

L'usage des boissons gazeuses est conseillé par la médecine; leurs propriétés hygiéniques sont reconnues depuis longtemps; en excitant agréablement les organes de la digestion, elles en facilitent le jeu, favorisent les fonctions, et en rendent toutes les suites moins laborieuses.

Je vends ces vins 27 à 30 fr. la caisse de douze bouteilles. J'ai des qualités, présentant les mêmes garanties, que je puis offrir à des prix beaucoup plus réduits, au commerce d'exportation.

La modicité de mes prix, en raison surtout de la bonne qualité des liquides et de leur conditionnement irréprochable, me laisse espérer que vous voudrez bien m'honorer d'une demande persuadé que les heureux résultats d'un premier essai vous engageront à renouveler vos ordres.

Veuillez agréer, Monsieur, mes civilités distinguées.

E. NOURRIGAT.

Lunel, le 15 avril 1859.

OUVRAGES

PUBLIÉS PAR LE MÊME AUTEUR.

Tableau synoptique de Sériciculture, contenant l'exposé des principes généraux indispensables à connaître, et des soins journaliers à donner aux vers à soie, pour se livrer avec succès à l'exploitation de cette industrie agricole.

In-folio, avec 85 figures coloriées. — Prix, 2 fr.

De l'Industrie de la Soie et de son influence sur la civilisation.

In-4. — Prix, 60 centimes.

Nouvelles considérations sur la nécessité d'augmenter la production de la soie en France, et sur les causes qui ont amené la maladie des insectes, et des moyens de les prévenir, extrait de divers Mémoires adressés à l'Académie des Sciences.

In-4, avec trois tableaux synoptiques. — Prix, 4 fr.

Morus Japonica. Ce nouveau mûrier sauvage à grandes feuilles, importé du Japon et acclimaté en France depuis plusieurs années, a résisté à la maladie végétale.

Il se plante comme la vigne, se taille de même, et n'occupe pas plus d'espace.

Sa feuille, de qualité supérieure à toute celle du mûrier greffé, peut être utilisée dès la première année de plantation.

D'une nature des plus vivaces, sa végétation presque incessante n'est suspendue que par la gelée.

Produisant plusieurs récoltes annuelles, c'est la seule espèce qui peut assurer le succès des éducations multiples et automnales.

Son incontestable utilité a été constatée par deux médailles aux concours régionaux agricoles de 1857 et 1858.

Prix, 50 fr. les cent sujets.

---

www.ingramcontent.com/pod-product-compliance
Lightning Source LLC
Chambersburg PA
CBHW070736210326
41520CB00016B/4472